科学のアルバム

アゲハチョウ

佐藤有恒●写真
本藤　昇●文

あかね書房

もくじ

構成●七尾　純
イラスト●渡辺洋二
中西清美
林　四郎
装丁●画　工　舎

科学のアルバム

アゲハチョウ

佐藤有恒（さとう　ゆうこう）

一九二八年、東京都麻布《あざぶ》に生まれる。

子どものころより昆虫《こんちゅう》に興味《きょうみ》をもち、東京都公立学校に勤《つと》めながら昆虫写真を撮《と》りつづける。

一九六三年、東京都銀座《ぎんざ》で虫と花をテーマにした個展《こてん》をひらき、翌《よく》一九六四年に、フリーのカメラマンとなる。

以後《いご》、すぐれた昆虫生態《せいたい》写真を発表しつづけ「昆虫と自然《しぜん》のなかに美を発見した写真家」として注目される。

おもな著書《ちょしょ》に「アサガオ」「ヘチマのかんさつ」「紅葉のふしぎ」「花の色のふしぎ」（共にあかね書房）などがある。

一九九一年、逝去《せいきょ》。

本藤　昇（もとふじ　のぼる）

一九三七年春、東京都麻布《あざぶ》に生まれる。

一九五六年、東京都に勤務《きんむ》する。

一九六七年、多摩動物公園飼育課《しいくか》、昆虫飼育係として転勤《てんきん》。

アゲハチョウ科、マダラチョウ科を主とした累代《るいだい》の飼育展示《てんじ》を担当《たんとう》する。

一九八七年、逝去《せいきょ》。

四月《がつ》、まだ朝《あさ》つゆがきらきら
かがやいているうちに、春型《はるがた》の
アゲハチョウが羽《う》化《か》します。
やわらかいはねをいっぱいにのばし、
朝《あさ》の光《ひかり》でかわかします。

➡長《なが》い口《くち》をさしこんで、ツツジの花《はな》のみつをすうアゲハチョウのメス。

⬅ダイコンの花《はな》にくるアゲハチョウ。舌《した》の役《やく》めをする前《まえ》あしで花《はな》にふれ、みつがあるかないかを感《かん》じとる。

春型《はるがた》のアゲハチョウ

ぶじに羽化《うか》したアゲハチョウは、約《やく》二時《じ》間《かん》から三時間《じかん》、葉《は》にじっととまって、はねがすっかりかわききるのをまちます。

はねがかわくと、ひらりととびたち、うまく春風《はるかぜ》にのって、とびさります。つぎの日、はじめてみつをすいはじめます。

春型《はるがた》のアゲハチョウには、すぐたいせつなしごとがまっています。たまごをうみつけ、こどもをのこさなければなりません。

さきに羽化《うか》したオスは、メスをさがしてとびまわります。メスが羽化《うか》しているのをみつけると、そばでまっていて、メスがとびたてるようになると、すぐに交尾《こうび》します。

→アゲハチョウのたまご。直径約《ちょっけいやく》一・二ミリ。

←サンショウの木《き》にたまごをうみつけるアゲハチョウ。

産卵《さんらん》

交尾《こうび》をおえたメスは、二日《か》くらいたつと、ミカン、カラタチ、サンショウなどの木《き》をさがして、とびまわります。

木《き》をみつけると、前《まえ》ばねをこまかくうごかしながら、腹部《ふくぶ》をゆみのようにまげて、葉《は》のうらに一個《こ》ずつたまごをうみつけます。

つぎからつぎへと、場所《ばしょ》をかえながら、百《ひゃっ》個《こ》くらいのたまごをうみつづけます。

➡うみつけられてから約《やく》三日《か》後《ご》、黒《くろ》い点《てん》が大《おお》きくなってきた。

ふ化《か》

うみつけられたばかりのたまごは、真《しん》珠《じゅ》のように、うすい黄《き》色《いろ》にかがやいています。

まる一日《にち》くらいたつと、たまごのまんなかに、ぽつんと黒《くろ》い点《てん》がみえるようになり、日《ひ》がたつにつれて、だんだん大《おお》きくなっていきます。

四日《か》め、たまごの中《なか》みは、赤《あか》みをおび、からは、黒《くろ》ずんできます。

六日《か》め、こんどはたまごのからが白《しろ》っぽくなり、中《なか》で幼虫《ようちゅう》がうごいているのがすけてみえるようになります。

そして、一週《しゅう》間《かん》め、いよいよふ化《か》がはじまります。たまごのからをくいやぶって、幼虫《ようちゅう》が頭《あたま》のほうからでてきます。

→幼虫《ようちゅう》が中《なか》から、からにぽつんとあなをあけた。それから約《やく》十分《ぶん》後《ご》、からを大《おお》きくくいやぶった。

→さらに六分後《ぶんご》、からだがでてきた。口《くち》から糸《いと》をはいて、足場《あしば》をつくりはじめた。

→さらに十秒後《びょうご》。幼虫《ようちゅう》はあるくとき、葉《は》の上《うえ》でもあしがすべらないように糸《いと》をはいて、足場《あしば》をつくる。

←からだが、ぜんぶでた。まだ糸《いと》をはいて、足場《あしば》をつくっている。

←それから二十分後《ぶんご》、幼虫《ようちゅう》はむきをかえて、からをたべはじめた。

←からをたべるのはなぜか、まだわかっていない。栄養《えいよう》があるからかもしれない。

➡葉《は》をたべる二令《れい》幼虫《ようちゅう》。

幼虫《ようちゅう》の成長《せいちょう》

たまごからかえったばかりの幼虫《ようちゅう》を、一令《れい》幼虫《ようちゅう》といいます。

一令《れい》幼虫《ようちゅう》は、黒《こっ》かっ色《しょく》です。三日《か》くらいすると、皮《かわ》をぬいで二令《れい》幼虫《ようちゅう》になります。からだの色《いろ》は、黒《こっ》かっ色《しょく》に白《しろ》いおびのもようがあり、小鳥《ことり》のふんによくにています。

さらに皮《かわ》ぬぎをくりかえして、三令《れい》幼虫《ようちゅう》、四令《れい》幼虫《ようちゅう》と成長《せいちょう》していきます。

一令《れい》から四令《れい》までの幼虫《ようちゅう》は、頭《あたま》の大《おお》きさで区別《くべつ》することができます。それぞれの令《れい》で、頭《あたま》の大《おお》きさがきまっているからです。

一令《れい》、二令《れい》幼虫《ようちゅう》は、糸《いと》をはいて足場《あしば》をつくり、足場《あしば》のちかくの葉《は》をたべます。

←すっかり葉《は》をたべつくした三令幼虫《れいようちゅう》。

●アゲハチョウの幼虫《ようちゅう》の頭部《とうぶ》（左右《さゆう》）の大《おお》きさ

一令幼虫《れいようちゅう》	約《やく》0.7～0.9ミリ
二令幼虫《れいようちゅう》	約《やく》1.6～1.8ミリ
三令幼虫《れいようちゅう》	約《やく》2.5～2.8ミリ
四令幼虫《れいようちゅう》	約《やく》3.5～3.8ミリ
五令幼虫《れいようちゅう》	約《やく》5ミリ

三令幼虫《れいようちゅう》になると、足場《あしば》を中心《ちゅうしん》にうごきまわって、葉《は》をたべるようになります。

四令幼虫《れいようちゅう》は、たべる量《りょう》もおおくなり、足場《あしば》をあちこちうつしてたべまわります。

幼虫《ようちゅう》の敵《てき》

幼虫《ようちゅう》のからだは、鳥《とり》のふんによくにているので、外敵《がいてき》の目《め》をあざむくのに役《やく》だっています。幼虫《ようちゅう》が枝《えだ》にとまっていても、鳥《とり》は気《き》がつかないでいってしまうことがあります。

でも、クモや昆虫《こんちゅう》などには、あまり役《やく》にたっているとはおもえません。あっけなくみつけだされて、たべられてしまいます。

ハナグモは、体長《たいちょう》四〜七ミリです。草《くさ》や木《き》の葉《は》の上《うえ》をあるきまわって、よいかくれ場所《ばしょ》をみつけます。前《まえ》あしをそろえ、それをアンテナのようにゆっくりとうごかしながら、えものがちかづくのをじっとまっています。えものがやってくると、おそいかかって、体液《たいえき》をすってしまいます。

←ハナグモにおそわれるアゲハチョウの三令《れい》幼虫《ようちゅう》。

●からだをのびちぢみさせながら皮《かわ》をぬぎ，四令幼虫《れいようちゅう》から五令幼虫《れいようちゅう》になる。

皮《かわ》をぬいだすぐあと，自分《じぶん》の皮《かわ》をたべている五令幼虫《れいようちゅう》。

五令《れい》幼《よう》虫《ちゅう》になる

四令《れい》幼《よう》虫《ちゅう》になって約《やく》一週間《しゅうかん》たつと、うごきがとまり、えさもたべなくなります。

やがて、背中《せなか》の皮《かわ》がやぶれ、胸《むね》と頭《あたま》がでてきます。からだをのびちぢみさせながら、少《すこ》し前《まえ》へすすんで、皮《かわ》をぬぎます。

からだがすっかりかわくのをまって、むきをかえ、ぬいだ皮《かわ》をたべはじめます。

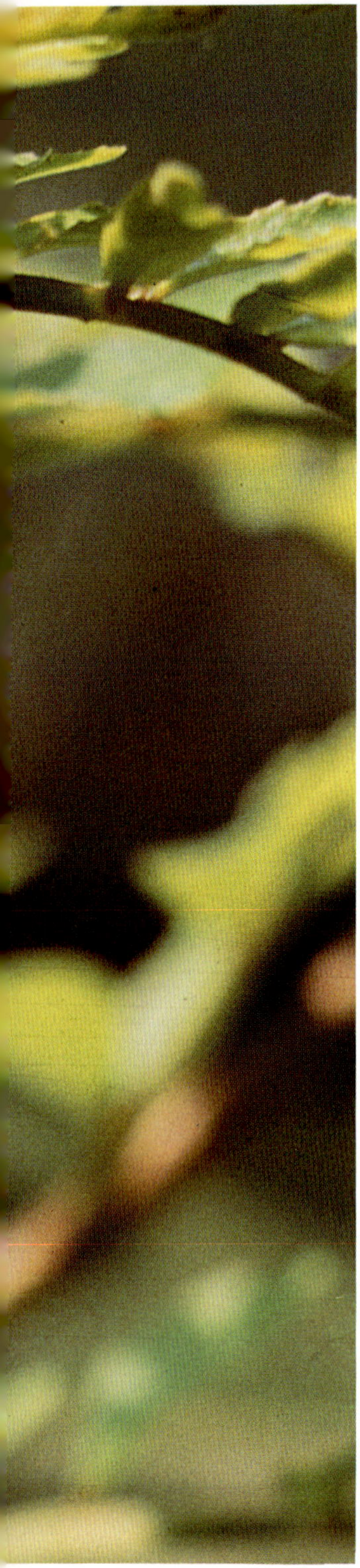

アゲハチョウのなかまだけがもつつの。くさいにおいをだす。

身《み》をまもる

五令幼虫《れいようちゅう》は、まわりの色《いろ》にとけこむみどり色《いろ》をしています。そして、もう一つ敵《てき》から身《み》をまもる方法《ほうほう》をしっています。

敵《てき》がちかづくと、頭《あたま》をちぢめ、背中《せなか》にあるヘビの目《め》のようなもようをふくらませ、左右《さゆう》にうごかしておどろかせます。なおも敵《てき》がちかづき、幼虫《ようちゅう》のからだにふれると、頭《あたま》と胸《むね》のあいだから二本《ほん》のオレンジ色《いろ》のつのをにゅうっとのばし、そこからくさいにおいをだして、おいはらいます。

幼虫《ようちゅう》にたまごをうみつけるハチ

寄《き》生《せい》蜂《ほう》だけは、におい、色《いろ》、もようでごまかすことができません。寄《き》生《せい》蜂《ほう》は、ほかの虫《むし》のからだの中《なか》にとりついて成長《せいちょう》するハチです。

寄《き》生《せい》蜂《ほう》は、よくきく触角《しょっかく》で幼虫《ようちゅう》やさなぎをさぐりあて、からだに管《くだ》をつきさして、たまごをうみつけていきます。

アゲハコバチはさなぎにたまごをうみ、さなぎの中《なか》でふ化《か》して、中《なか》みをたべながら、どんどん大《おお》きくそだっていきます。

アゲハチョウのさなぎは、寄《き》生《せい》蜂《ほう》がからだの中《なか》にいても、しばらくはいきています。

やがて寄《き》生《せい》蜂《ほう》は、アゲハチョウのさなぎをたべつくし、成虫《せいちゅう》になってでてきます。

アゲハチョウの前蛹《ぜんよう》（さなぎになる直前《ちょくぜん》のすがた）にやってきた寄生蜂《きせいほう》の一種《しゅ》，アオムシコバチ。

糸《いと》をだして，からだをまきつける。

前蛹《ぜんよう》となる。

五令《れい》幼《よう》虫《ちゅう》からさなぎへ

すっかり成長《せいちょう》した五令《れい》幼《よう》虫《ちゅう》は、からだをふくらませるようにして、一か所《しょ》にとまり、うごかなくなります。

一日《にち》から二日《か》たつと、たくさんのふんとともに黒《くろ》っぽい水分《すいぶん》をだし、こんどはいそがしそうにうごきまわり、さなぎになるのによい場所《ばしょ》をさがします。

つぎに、口《くち》から糸《いと》をだして足場《あしば》をつくり、むきをかえて、円《えん》をえがくようにして、糸《いと》でからだをしばり、からだをささえます。それからまた一日《にち》から二日《か》すると、皮《かわ》をぬいで、すぐかぎを足場《あしば》にからみつけ、さなぎになります。

➡皮《かわ》をぬいで，さなぎとなる。

⬇さなぎの腹部《ふくぶ》のはしにあるかぎ。さなぎになる直前《ちょくぜん》に，腹部《ふくぶ》のはしをまわしながら，糸《いと》でつくった足場《あしば》にからみつける。むきがまちまちだから，一度《ど》糸《いと》にひっかかると，強《つよ》い風《かぜ》でもとれない。

⬆アリもおそろしい天敵《てんてき》。おもに幼虫《ようちゅう》がおそわれる。さなぎや成《せい》虫《ちゅう》がおそわれることもある。

➡アオムシコバチは，アゲハチョウのさなぎにたまごをうみつける寄生蜂《きせいほう》の一種《いっしゅ》。やがてさなぎの中《なか》みをすっかりたべつくし，成虫《せいちゅう》となって外《そと》へとびだしてくる。自然《しぜん》にあるさなぎのおおくは，この被害《ひがい》をうけている。

➡さなぎになって約《やく》十八日《にち》め。だんだんさなぎの色《いろ》がうすれてきた。

⬅さなぎになって約《やく》二十日《はつか》め。からだの中《なか》がすけてみえる。頭《あたま》のつののようなところのうちがわに、すきまができて、白《しろ》っぽくなると、もうすぐ羽化《うか》がはじまる。

さなぎの中《なか》の変化《へんか》

幼虫《ようちゅう》がさなぎになると、さなぎの中《なか》ではすぐに、大《おお》きな変化《へんか》がはじまります。

幼虫《ようちゅう》のときのからだのしくみがこわれて、どろどろになってしまい、かわりに幼虫《ようちゅう》にはなかったはね、あし、触角《しょっかく》などが新《あたら》しくつくりなおされていきます。さなぎの中《なか》で、成虫《せいちゅう》のからだがだんだんできあがっていきます。

さなぎの色《いろ》は、大《おお》きくわけて、二種類《しゅるい》。夏《なつ》はみどり色《いろ》がおおく、冬《ふゆ》をこすさなぎは、茶《ちゃ》色《いろ》がおおくなります。温度《おんど》や日照時間《にっしょうじかん》や明《あか》るさに関係《かんけい》があるのです。

二十日《はつか》くらいたち、できあがったからだがすけてみえるようになるともうすぐ羽化《うか》です。

上《うえ》，横《よこ》がわれ，頭《あたま》とあしがでる。

背《せ》の部分《ぶぶん》がわれ，成虫《せいちゅう》の背中《せなか》がでる。

羽化《うか》（夏型《なつがた》のたんじょう）

いよいよ、夏型《なつがた》のアゲハチョウのたんじょうです。まず、背中《せなか》の部分《ぶぶん》が十《じゅう》文字《もんじ》にわれ、そりかえるようにして、背中《せなか》がでてきます。

やがて、上《うえ》と横《よこ》がわれて、頭《あたま》とあしがでてきます。あしを上《うえ》のほうへのばし、足場《あしば》のよいところへつかまります。そして、ゆっくり胴体《どうたい》をのばし、はねをのばしていきます。

羽化《うか》がおわるのは、朝《あさ》はやくです。はじめは、しっとりとしめっていたからだもはねも、朝日《あさひ》のさすころには、すっかりかわき、空《そら》へとびたちます。

●あしを木《き》にひっかけ，はねをのばす。

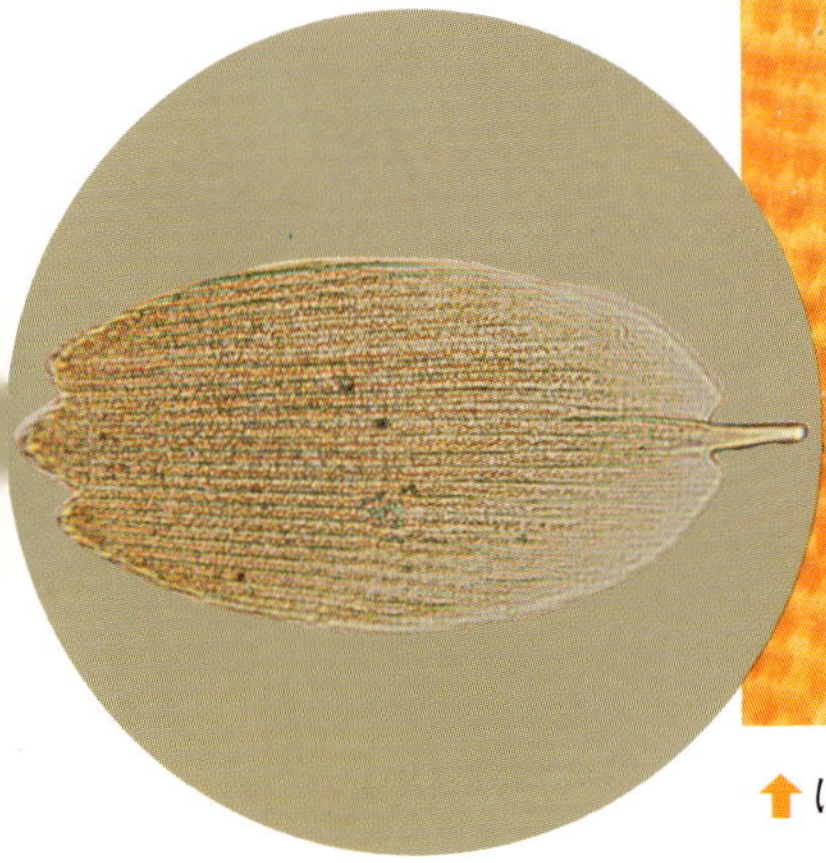

←水《みず》をはじくりん粉《ぷん》。

↓サクラの花《はな》びらのような形《かたち》のりん粉《ぷん》。

↑はねにしきつめられた，色《いろ》ちがいのりん粉《ぷん》。

りん粉《ぷん》のひみつ

チョウのはねの美《うつく》しさのひみつは、なんでしょう。

チョウのはねには、小《ちい》さなりん粉《ぷん》がたくさんあつまってついています。

りん粉《ぷん》は、毛《け》が変化《へんか》したもので、一つ一つの形《かたち》は、サクラの花《はな》びらににています。色《いろ》とならびは、種類《しゅるい》によってきまっていて、アゲハチョウのはねの色《いろ》やもようをつくりだしているのです。

りん粉《ぷん》は、うすいチョウのはねに重《おも》さと強《つよ》さをつけて、風《かぜ》をうけやすくします。脂肪分《しぼうぶん》をたくさんふくんでいるので、はねがぬれるのをふせぎます。

●オニユリにとまるキアゲハ。

⬆水《みず》をすうクロアゲハ。

⬆水《みず》をすうアオスジアゲハ。

⬇ヒガンバナにとまるモンキアゲハ。

アゲハチョウのなかま

チョウのなかでも、大《おお》きく、その種類《しゅるい》もたくさんあります。

日本《にっぽん》には、十八種類《しゅるい》のアゲハチョウがすんでいます。

うしろばねのさきがでているのは、一つのとくちょうです。

⬆ハルジオンにとまるウスバシロチョウ。

⬆羽化《うか》したばかりのカラスアゲハ。

⬇はねをやすめるジャコウアゲハ。

⬇本州《ほんしゅう》にだけしかいないギフチョウ。

●水《みず》をのむミヤマカラスアゲハ（左《ひだり》）とカラスアゲハ（右《みぎ》）。

➡ヒガンバナにきたキアゲハをおそうカマキリ。

成虫《せいちゅう》の敵《てき》・カマキリ

成虫《せいちゅう》になり、空《そら》を自由《じゆう》にとびまわれるようになってからも、おもわぬ敵《てき》がいます。

カマキリも、その一つです。カマキリは、花《はな》のそばで、みつをすいにくるチョウをまちぶせています。

アゲハチョウは、カマキリにきがつかないのでしょう。

それは、カマキリがえものをまちぶせるとき、じっとうごかずにいるため、カマキリの形《かたち》と色《いろ》が、花《はな》の葉《は》やまわりのけしきに、とけこんでしまうからです。アゲハチョウが、よくとまるヒガンバナなどのまわりには、カマキリにたべられたチョウのはねが、おちています。

➡⬅交尾《こうび》のあいてをさがすアゲハチョウ。おいかけるオス。にげるメス。

交尾《こうび》のあいてをさがすオス

いよいよ、夏型《なつがた》のアゲハチョウも、こどもをのこさなければなりません。

オスは、まだ交尾《こうび》をしていないメスをさがしてとびまわります。

そして、メスをみつけると、ちかづいて、まわりをまいながら、前《まえ》になり、後《うし》ろになってさそいかけます。

しかし、とんでいるメスのほとんどが、羽《う》化《か》をしてすぐに交尾《こうび》をおわっているので、ちかくの葉《は》にとまって、腹部《ふくぶ》を下《した》におりまげるようにして、交尾《こうび》をことわります。

メスは、一生《いっしょう》にただ一度《ど》しか交尾《こうび》をしないのです。

←交尾《こうび》のために、オスはメスをさがしてとびまわるアゲハチョウのオス（下《した》）とメス（上《うえ》）。

➡交尾《こうび》をするアゲハチョウのオス（下《した》）とメス（上《うえ》）。

⬅交尾《こうび》のあと、たまごをうむ場所《ばしょ》をさがしてとびまわるキアゲハ。

結婚《けっこん》

オスがやっと、羽化《うか》まもないメスをみつけると、とびたてるようになるのをまってから、いっしょに場所《ばしょ》をさがします。よい場所《ばしょ》がみつかると、枝《えだ》や葉《は》につかまり、交尾《こうび》をはじめます。交尾《こうび》は、約《やく》三時間《じかん》くらいつづきます。

交尾《こうび》をおわると、オスはべつのメスをさがしてとびまわります。メスは、二日《か》くらいして、ミカン、サンショウなどの木《き》をさがして、たまごをうみはじめます。

アゲハチョウは、成虫《せいちゅう》になってから死《し》ぬまでの約《やく》三週間《しゅうかん》、ほとんどこどもをのこすことについやします。

初秋《しょしゅう》、うみつけられたたまごは、五日《か》くらいでふ化《か》し、脱皮《だっぴ》をくりかえして、秋《あき》のふかまるころ、さなぎになります。

　きびしい冬《ふゆ》をこすために、皮《かわ》はあつくなり、強《つよ》い風《かぜ》や吹雪《ふぶき》におとされないよう、しっかり糸《いと》でくくりつけ、春《はる》までねむりつづけます。

＊アゲハチョウは、いつごろからあらわれたのでしょう

⬇オオヒゲナガトビケラ　このなかまからチョウ類《るい》の先祖《せんぞ》が分化《ぶんか》したとおもわれる。

チョウ類《るい》の先祖《せんぞ》が地球上《ちきゅうじょう》にあらわれたのは、およそ二億年前《おくねんまえ》、トビケラのなかまから分《わ》かれたものと考《かんが》えられています。

チョウ類《るい》の先祖《せんぞ》は、まだ長《なが》い口《くち》もなく、″かむ口《くち》″でコケ類《るい》を食《た》べて生《い》きていたようです。植物《しょくぶつ》がコケ類《るい》から進化《しんか》し、だんだんいろいろな植物《しょくぶつ》があらわれるようになると、それにあわせてチョウ類《るい》の先祖《せんぞ》のすがたもくらしかたも変《か》わってきました。

約《やく》一億年前《おくねんまえ》、花《はな》をさかせる植物《しょくぶつ》があらわれると″かむ口《くち》″が、花《はな》のみつをすうためのストローのような長《なが》い口《くち》になったのです。

チョウの分化《ぶんか》もすすみ、地球上《ちきゅうじょう》にいろいろな形《かたち》のチョウがでそろったのは、約《やく》四千万年前《せんまんねんまえ》のことです。この時代《じだい》の化石《かせき》には、アゲハチョウのなかまとおもわれるすがたが、くっきりとのこされています。

●チョウのいろいろ

ラギンシジミ

ウラギンシジミ科《か》（小《こ》型《がた》）
はねのうらは，うつくしい銀白色《ぎんはくしょく》，幼虫《ようちゅう》の後部《こうぶ》に二本《はん》のとっきがある。日本《にっぽん》には一種類《しゅるい》しかない。

アゲハチョウ

アゲハチョウ科《か》（大《おお》型《がた》）
うしろばねの一部《ぶ》が，尾《お》のようにのびているものが多《おお》い。幼虫《ようちゅう》は，くさいにおいを出《だ》すつのをもっている。

アサギマダラ

マダラチョウ科《か》（大《おお》型《がた》）
からだが細《ほそ》く，ひらひらとゆっくりとぶ。さなぎは，さかさにぶらさがる。

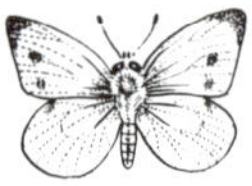
モンシロチョウ

シロチョウ科《か》（小《こ》型《がた》）
モンシロチョウのなかまで，たまごは鉄《てっ》ぽうの玉《たま》のような形《かたち》をしている。幼虫《ようちゅう》は「アオムシ」とよばれる。

テングチョウ

テングチョ･ウ科《か》（中《ちゅう》型《がた》）
あたまの先《さき》がテングににている。幼虫《ようちゅう》はシロチョウににているが，成虫《せいちゅう》はタテハチョウににている。

ミドリシジミ

シジミチョウ科《か》（小《こ》型《がた》）
幼虫《ようちゅう》はひらべったく，前《まえ》とうしろがよくわからない。成虫《せいちゅう》のオスのはねは，うつくしい色をしている。

チョウ類《るい》を大《おお》きくなかま分《わ》けすると、上《うえ》の図《ず》のように九つのグループに分《わ》けることができます。

アゲハチョウ科《か》のチョウは、ほかのチョウとどこがどのようにちがうのでしょう。

●うしろばねの長《なが》い尾《お》

アゲハチョウのなかまと、ほかのチョウとをくらべてみると、まず目《め》につくのが大型《おおがた》であること、そして、うしろばねの一部《ぶ》が、尾《お》のように長《なが》くのびていることです。

アゲハチョウは、この大《おお》きなはね、長《なが》い尾《お》で、うまく風《かぜ》にのり、小型《こがた》のチョウのようにせわしくはねをうごかさなくても、すべるように空《そら》をとぶことができるのです。

でも、ウスバシロチョウやナガサキアゲハのオスなどのうしろばねには、長《なが》い尾《お》はありません。幼虫《ようちゅう》のくらしかたには、もっと大《おお》きなちがいがあるのです。

●くさいにおいをだす“つの”

アゲハチョウの幼虫《ようちゅう》は、ミカン科《か》の葉《は》を食《た》べます。ミカン科《か》の葉《は》は、たいへんにが味《み》が強《つよ》く、人間《にんげん》が食《た》べたら口《くち》が

⬆オレンジ色《いろ》の〝つの〟をのばして，くさいにおいをだすキアゲハの五令幼虫《れいようちゅう》。

⬇〝つの〟をだすアゲハチョウの五令幼虫《れいようちゅう》。若《わか》い幼虫《ようちゅう》ほど，つののだしかたははやい。

アカタテハ

タテハチョウ科《か》（中型《ちゅうかた》）
幼虫《ようちゅう》にはとげのようなとっきがある。成虫《せいちゅう》の前《まえ》あしは，ひじょうに短《みじか》い。成虫《せいちゅう》で越冬《えっとう》するものが多《おお》い。

ジャノメチョウ

ジャノメチョウ科《か》（中型《ちゅうかた》）
はねの色《いろ》はかっ色《しょく》で，ヘビの目《め》のようなもんがある。幼虫《ようちゅう》はササの葉《は》など食《た》べる。

イチモンジセセリ

セセリチョウ科《か》（小型《こかた》）
からだが太《ふと》く，はねの色《いろ》がじみなものが多《おお》く，ガとまちがえられる。幼虫《ようちゅう》はイネの害虫《がいちゅう》。

しびれてしまうほどです。アゲハチョウの幼虫《ようちゅう》は、その葉《は》を食《た》べ、にがい成分《せいぶん》を体内《たいない》にたくわえています。敵《てき》が近《ちか》づくと、頭部《とうぶ》のうしろから二本《ほん》のオレンジ色《いろ》のつのをだし、体内《たいない》にたくわえてあったミカンの葉《は》の成分《せいぶん》のいやなにおいをだして、敵《てき》をおいちらします。アゲハチョウ科《か》のチョウは、どれもこのような成分《せいぶん》をふくんだ植物《しょくぶつ》を食《た》べ、つのをのばしてにおいをだし、敵《てき》をおいはらいます。

これは、アゲハチョウ科《か》のなかまだけにしかみられない武器《ぶき》です。種類《しゅるい》によって色《いろ》や形《かたち》には、ちがいがあります。

⬆中央《ちゅうおう》アジアにすむカウトニウス・ウスバシロチョウ。日本《にっぽん》のウスバシロチョウの先祖《せんぞ》。

⬆羽化《うか》したばかりのキシタアゲハ。日本《にっぽん》に，まよってとんでくることがある。

今《いま》、日本《にっぽん》にいるアゲハチョウのなかまは、十八種類《しゅるい》です。アゲハチョウのなかまは、いつごろから日本《にっぽん》にすんでいるのでしょう。また、どんな種類《しゅるい》がどの地方《ちほう》から、わたってきたのでしょう。

大《おお》むかし、アゲハチョウがあらわれた時《とき》は、まだ日本《にっぽん》はアジア大陸《たいりく》の一部《ぶ》で、アゲハチョウは、それぞれのくらしに適《てき》した気候《きこう》や食《た》べ物《もの》をさがして移動《いどう》していました。

そして氷河期《ひょうがき》、地球《ちきゅう》の北部《ほくぶ》ほとんどが氷《こおり》にとざされてしまうと、ますます移動《いどう》がはげしくなり、地球《ちきゅう》の北部《ほくぶ》にいた種類《しゅるい》までが日本《にっぽん》にうつりすむようになったのです。

今《いま》、日本《にっぽん》にいるアゲハチョウのなかまには、キアゲハのようにシベリア地方《ちほう》から移動《いどう》してきたもの、アゲハチョウやクロアゲハのように中国《ちゅうごく》、朝鮮《ちょうせん》から移動《いどう》してきたもの、そして、アオスジアゲハやナガサキアゲハのように台湾《たいわん》、東南《とうなん》アジア地方《ちほう》から移動《いどう》してきたものと、三つのタイプがあります。

日本《にっぽん》にいるアゲハチョウのなかまは、日本《にっぽん》にだけでなく、

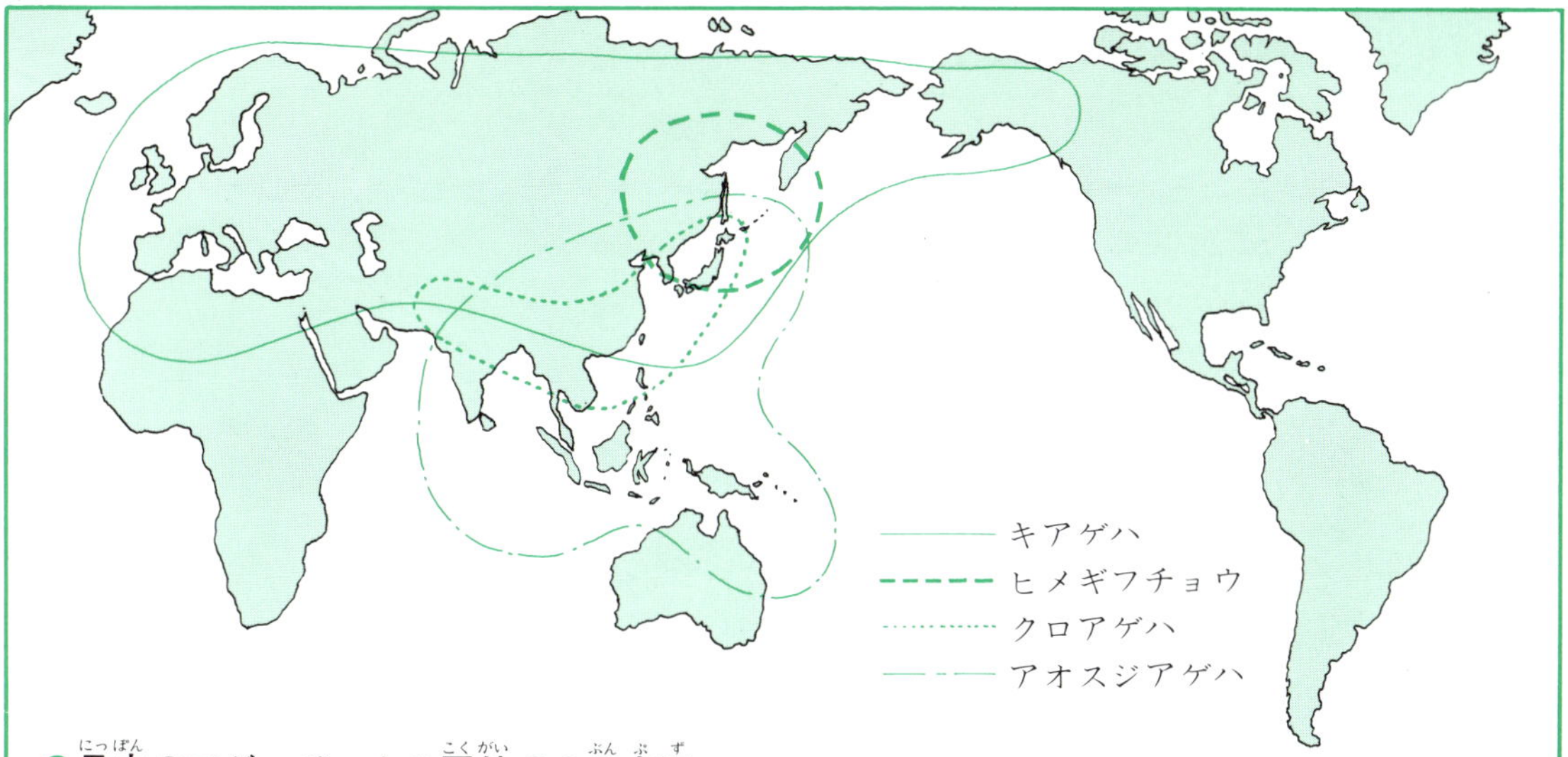

●日本《にっぽん》のアゲハチョウの国外《こくがい》での分布図《ぶんぷず》

●アゲハチョウのなかまの日本《にっぽん》への移動《いどう》

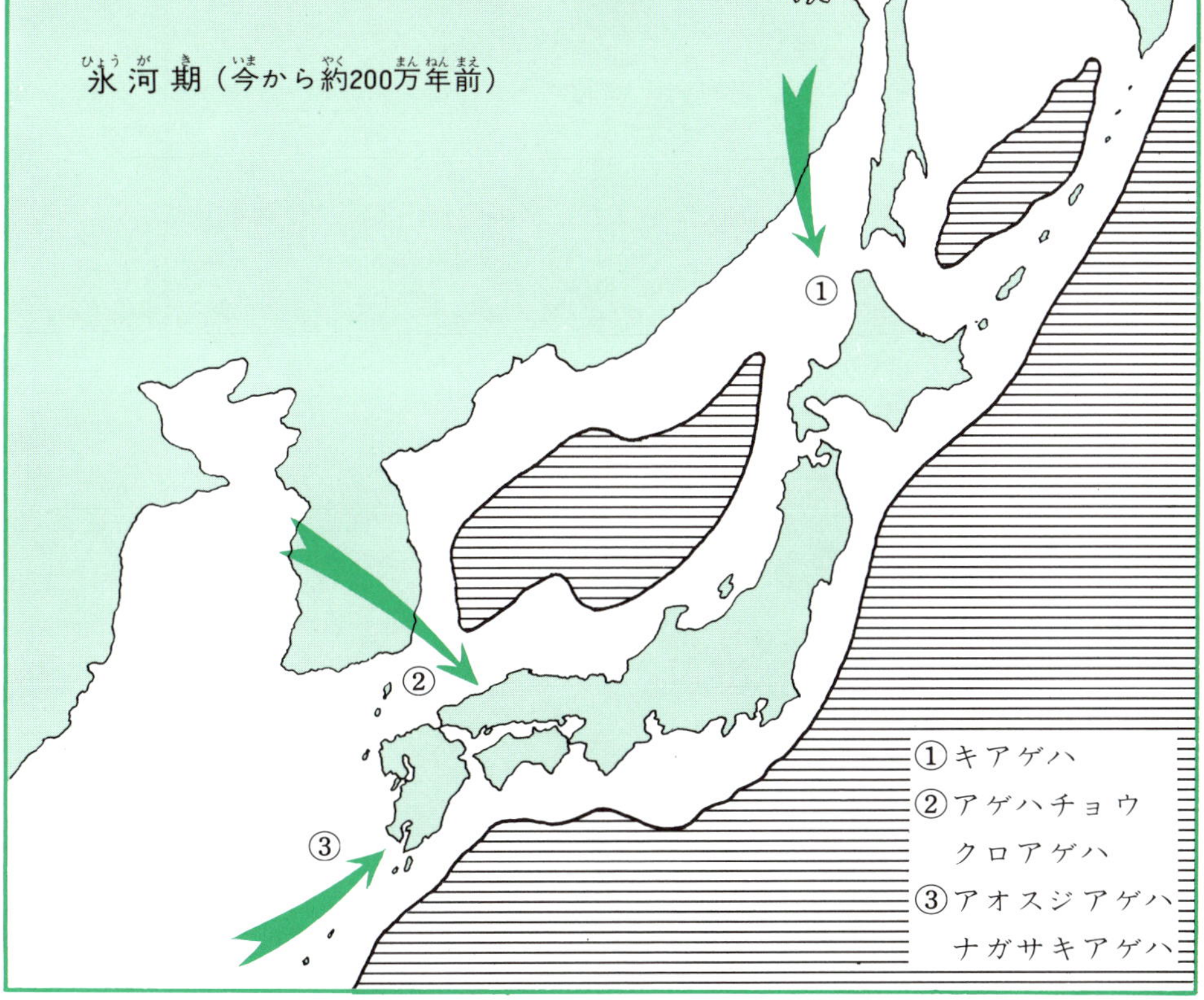

シベリア、中国《ちゅうごく》、インド、東南《とうなん》アジアにも広《ひろ》く分布《ぶんぷ》しています。なかでもキアゲハは、ヨーロッパ、シベリア、北《きた》アメリカまで分布《ぶんぷ》しています。

*アゲハチョウの一年《ねん》

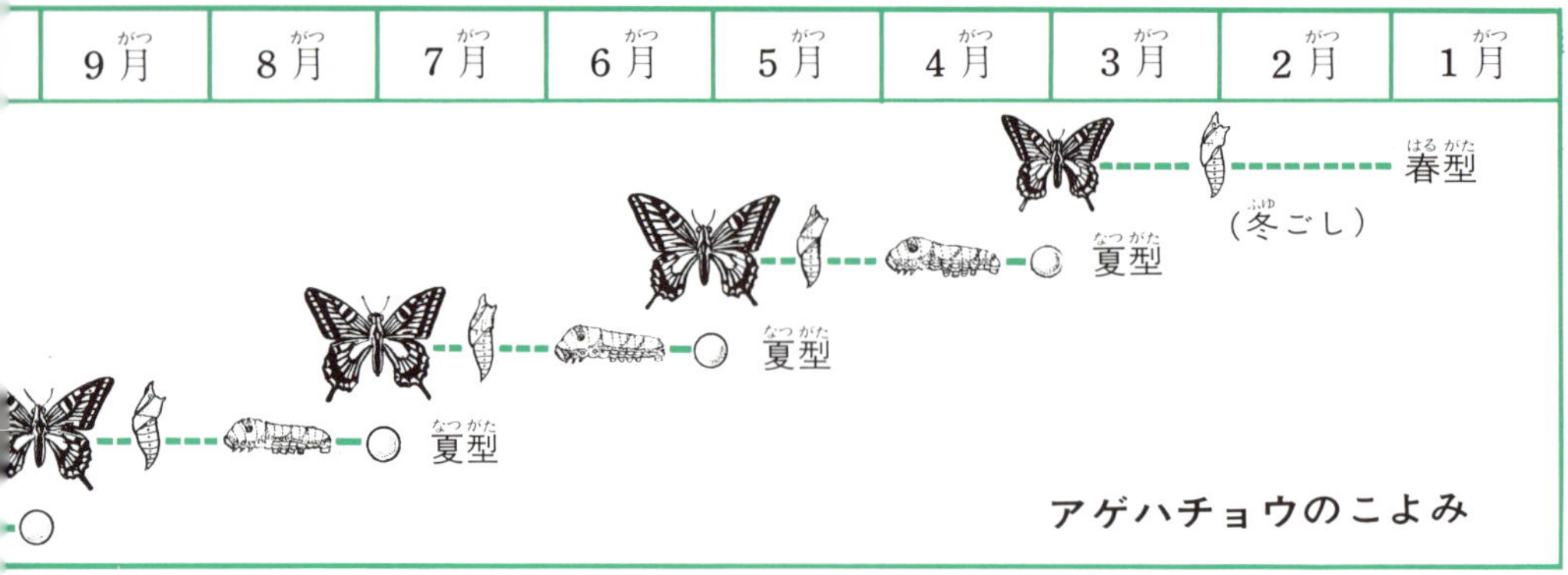

アゲハチョウのこよみ

アゲハチョウを見《み》ていると、あんな気《き》持《も》ちのわるい幼虫《ようちゅう》が、よくもこんな美《うつく》しいすがたに変身《へんしん》してしまったものだとおどろいてしまいます。

これは、二億年前《おくねんまえ》にあらわれた先祖《せんぞ》が、変化《へんか》していく環境《かんきょう》や外敵《がいてき》から身《み》をまもりながら、一ばんよいとおもわれる形《かたち》にからだをかえていき、それを遺伝《いでん》として今日《こんにち》につたえてきたものでしょう。

アゲハチョウには、春型《はるがた》と夏型《なつがた》があります。冬《ふゆ》ごしをしたさなぎから、春《はる》に羽化《うか》したものを春型《はるがた》といい、春型《はるがた》がうみつけたたまごからふ化《か》した幼虫《ようちゅう》がさなぎとなり、夏《なつ》に羽化《うか》したものを夏型《なつがた》といいます。そして夏型《なつがた》がうみつけたたまごがふ化《か》し、幼虫《ようちゅう》がさなぎになるころ、冬《ふゆ》にかかったものだけが、春《はる》までさなぎのまま冬眠《とうみん》をするのです。

春型《はるがた》と夏型《なつがた》では、からだの大《おお》きさがだいぶちがいます。それは、幼虫《ようちゅう》時代《じだい》の食《た》べ物《もの》や気候《きこう》のえいきょうによるものです。秋《あき》もなかばごろふ化《か》した幼虫《ようちゅう》は、食《た》べ物《もの》もとぼしく、その上《うえ》、気温《きおん》が低《ひく》いのでじゅうぶんに育《そだ》つことができません。幼虫《ようちゅう》は、日照時間《にっしょうじかん》が短《みじか》くなることで、冬《ふゆ》のま近《ぢか》いことをしります。まだ、じゅうぶん大《おお》きくなっていないままで、さなぎとなり冬《ふゆ》ごしのじゅんびをしなければなりません。

春型《はるがた》が、夏型《なつがた》にくらべて小型《こがた》なのは、幼虫時代《ようちゅうじだい》、さなぎ時代《じだい》の成長《せいちょう》の

●春《はる》型《がた》と夏《なつ》型《がた》のちがい

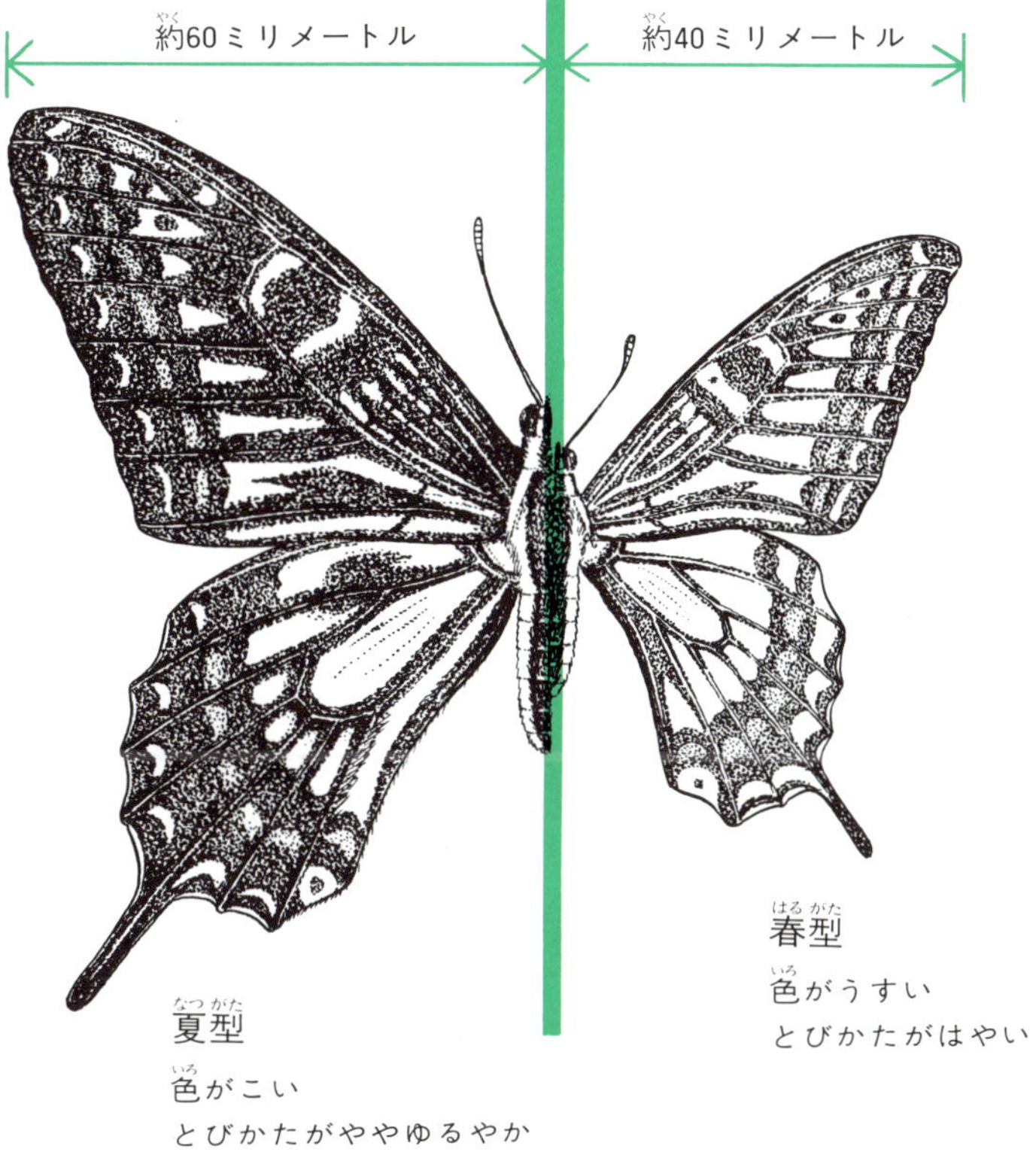

ちがいからなのです。春《はる》型《がた》と夏《なつ》型《がた》では、はねのもようにもちがいがあります。くらべてみましょう。

●**春《はる》型《がた》のさなぎのとくちょう**

まわりのけしきにとけこむ黒《こっ》かっ色《しょく》のものが多《おお》い。長《なが》さが約《やく》二・五センチメートル。きびしい寒《さむ》さにたえるように、皮《かわ》があつい。せっ氏《し》五度《ど》で約《やく》二か月間《げつかん》すごさないと羽《う》化《か》しない性《せい》質《しつ》をもっている。

●**夏《なつ》型《がた》のさなぎのとくちょう**

さなぎになる場《ば》所《しょ》の色《いろ》あいで、さなぎの色《いろ》がきまる。みどり色《いろ》のものが多《おお》い。長《なが》さは約《やく》三・二センチメートル。指《ゆび》でさわると、からだをふってカサカサ音《おと》をだす。これは、外《がい》敵《てき》をおどろかすためであろう。

＊天敵《てんてき》のやくめ

自然界《しぜんかい》では、さまざまな生物《せいぶつ》が、おたがいにバランスをたもちながら生《い》きています。アゲハチョウもそうです。どの一ぴきのアゲハチョウも、まわりの環境《かんきょう》とかかわりをもたずに生《い》きていくことはできません。

もし、アゲハチョウだけが、ものすごくその数《かず》がふえすぎたらどうなるでしょう。花《はな》のみつも、幼虫《ようちゅう》が食《た》べるミカン科《か》の植物《しょくぶつ》も、またたくまに不足《ふそく》してしまい、ついには、すべてのアゲハチョウがほろんでしまうにちがいありません。

このように考《かんが》えると、アゲハチョウにとっておそろしい天敵《てんてき》は、じつは、アゲハチョウが生《い》きつづけるために、たいせつな役《やく》わりをはたしていることがわかります。

天敵《てんてき》には、たまごに寄生《きせい》するハチ、幼虫《ようちゅう》に寄生《きせい》するハエ、幼虫《ようちゅう》やさなぎに寄生《きせい》するハチなどがいます。

●たまごに寄生《きせい》するハチ

からだの大《おお》きさがわずか〇・五ミリメートルのタマゴバチのなかまです。タマゴバチは、アゲハチョウが産卵《さんらん》すると、たまごのにおいをかぎつけてとんできて、チョウのたまごの中《なか》にじぶんのたまごをうみつけます。

アゲハチョウのたまごの中《なか》でふ化《か》したタマゴバチの幼虫《ようちゅう》は、わずか十日《か》ぐらいで成虫《せいちゅう》になり、たまごのからを食《く》いやぶってでてきます。

←寄生《きせい》バエ　ミカン科《か》の葉《は》にたまごをうみつける。大《おお》きさ約《やく》12ミリ。

↓寄生《きせい》バエのさなぎ　アゲハチョウの幼虫《ようちゅう》のからだの中《なか》からでて，さなぎになる。大《おお》きさ約《やく》10ミリ。

●食《た》べ物《もの》といっしょに幼虫《ようちゅう》の体内《たいない》にはいるハエ

寄生《きせい》バエは、アゲハチョウが食《た》べるミカン科《か》の葉《は》にたまごをうみつけておきます。アゲハチョウの幼虫《ようちゅう》が葉《は》といっしょに寄生《きせい》バエのたまごを食《た》べてしまうと、幼虫《ようちゅう》の体内《たいない》でしらないうちに寄生《きせい》バエの成長《せいちょう》がすすんでいくのです。

このようにして、野外《やがい》のアゲハチョウのたまご、幼虫《ようちゅう》、さなぎのほとんどが天敵《てんてき》のえじきになってしまい、成虫《せいちゅう》になるのは、ごくわずかです。

↓寄生蜂《きせいほう》のはいったアゲハチョウのさなぎ。一つのさなぎの中《なか》に，何《なん》十ぴきも幼虫《ようちゅう》がいる。

➡サンショウの葉《は》に産卵《さんらん》するアゲハチョウのメス。

⬇さかんに葉《は》を食《た》べるアゲハチョウの五令《れい》幼虫《ようちゅう》。

●幼虫《ようちゅう》は、ミカン科《か》の木《き》のあるところ

アゲハチョウの幼虫《ようちゅう》をさがすには、まず、ミカン科《か》の木《き》をさがすことです。アゲハチョウの幼虫《ようちゅう》は、ミカン科《か》の植物《しょくぶつ》の葉《は》以外《いがい》は、けっして食《た》べないからです。

なぜでしょう。

チョウの先祖《せんぞ》がコケを食《た》べていた時代《じだい》、外敵《がいてき》から身《み》をまもるために、外敵《がいてき》にとっては毒《どく》になる植物《しょくぶつ》をわざと食《た》べ、体内《たいない》にその毒《どく》をたくわえておくものがあらわれた。一方《いっぽう》、植物《しょくぶつ》もチョウの幼虫《ようちゅう》に葉《は》を食《た》べられないように、とくべつの成分《せいぶん》をもつものがあらわれた……。

チョウ類《るい》の幼虫《ようちゅう》によって、食《た》べる植物《しょくぶつ》がきまっているのは、ほかの植物《しょくぶつ》のほとんどが、チョウの幼虫《ようちゅう》にはまったくうけつけることのできない成分《せいぶん》をふくんでいるからだと考《かんが》えられています。

●成虫《せいちゅう》は、ミカン科《か》の木《き》や〝蝶道《ちょうどう》〟に

アゲハチョウのメスは、交尾後《こうびご》二、三日《にち》たつと、ミカン科《か》の植物《しょくぶつ》をもとめてとびまわり、葉《は》の裏《うら》に産卵《さんらん》を

↑水《みず》をすいにきたキアゲハのオス。水《みず》をすいにくるのはオスだけ。

←蝶道《ちょうどう》をいったりきたり，同《おな》じところをとぶキアゲハ。

します。成虫《せいちゅう》は、これからうまれてくる幼虫《ようちゅう》の食《た》べ物《もの》をちゃんとしっているのです。

アゲハチョウ科《か》のオスには、きまった場所《ばしょ》をとぶ性質《せいしつ》があります。その場所《ばしょ》は、木《こ》だちがならぶ山道《さんどう》や林道《りんどう》ぞいのことが多《おお》く、日《ひ》のさしぐあい、風《かぜ》の流《なが》れに関係《かんけい》があるようです。この場所《ばしょ》を、チョウのとおる道《みち》〝蝶道《ちょうどう》〟とよんでいます。

植物名《しょくぶつめい》	食草《しょくそう》にしている種類《しゅるい》
ウマノスズクサ科《か》	ジャコウアゲハ，ギフチョウ，ヒメギフチョウ
クスノキ科《か》	アオスジアゲハ
ミカン科《か》	アゲハチョウ，クロアゲハ，カラスアゲハ，ミヤマカラスアゲハ，オナガアゲハ，モンキアゲハ，ナガサキアゲハ，シロオビアゲハ
セリ科《か》	キアゲハ
モクレン科《か》	ミカドアゲハ
エンゴサク科《か》	ウスバシロチョウ，ウスバキチョウ

⬆幼虫最後《ようちゅうさいご》のふん。水分《すいぶん》が多《おお》く，ねっとりしている。

⬆幼虫《ようちゅう》のふん。かたく，ころころしている。

＊飼育《しいく》・アゲハチョウの幼虫《ようちゅう》の育《そだ》てかた

アゲハチョウの幼虫《ようちゅう》を飼育《しいく》するのに、一ばんたいせつなじゅんびは、幼虫《ようちゅう》の食《た》べ物《もの》をたくさん用意《ようい》することです。幼虫《ようちゅう》は、たいへん大食《おおぐ》いですから、まず、家《いえ》のまわりにミカン科《か》の植物《しょくぶつ》、たとえばミカン、カラタチ、サンショウなどをさがしておきましょう。

幼虫《ようちゅう》を見《み》つけたら、ついていた葉《は》ごと切《き》りとってきて、容器《ようき》にいれます。容器《ようき》は、ガラスばちがてきとうです。底《そこ》にチリ紙《がみ》をしくと、容《よう》器《き》もよごれず、また葉《は》からでる水分《すいぶん》もすいとってくれます。

容器《ようき》は、明《あか》るいところにおきましょう。日照時間《にっしょうじかん》は、一日《にち》に十四時《じ》間《かん》以上《いじょう》は必要《ひつよう》です。日照時間《にっしょうじかん》が短《みじか》すぎると、冬《ふゆ》ごし型《がた》のさなぎになってしまいます。

食草《しょくそう》は、なるべく葉《は》だけを切《き》ってたっぷりあたえましょう。

幼虫《ようちゅう》に手《て》でさわってはいけません。とくに脱皮《だっぴ》のときは、手《て》でさわるとばい菌《きん》がはいって、幼虫《ようちゅう》が病気《びょうき》になることがあります。

五令幼虫《れいようちゅう》になって、水分《すいぶん》をふくんだ〝ふん〟をしたら、小枝《こえだ》をいれてやりましょう。幼虫《ようちゅう》のからだがしなびたようにかわり、そこらじゅうを動《うご》きまわり、さなぎになる場所《ばしょ》をさがします。

小枝《こえだ》でさなぎになったら、あとは羽化《うか》をまつだけです。

●注意《ちゅうい》

(1)幼虫《ようちゅう》の数《かず》は，少《すく》なめに。

(2)えさは，毎日《まいにち》とりかえる。

(3)幼虫《ようちゅう》のはいっている容器《ようき》は，ちょくせつ日光《にっこう》にあてない。

(4)容器《ようき》は，水滴《すいてき》がつかないよう毎日《まいにち》そうじする。

さなぎになってから約《やく》二週間《しゅうかん》くらいたって、さなぎの中《なか》がすけてみえるようになったら、そろそろ気《き》をつけましょう。さなぎの頭《あたま》の小《ちい》さなとっきが白《しろ》っぽくかわったら、羽《う》化《か》の信号《しんごう》です。羽《う》化《か》は、早朝《そうちょう》六時《じ》ごろから八時《じ》ごろにかけて、一ばん多《おお》く見《み》られます。

羽《う》化《か》がはじまったら、ガラスばちを動《うご》かさないこと、羽《う》化《か》がおわるまで、ゆびではねをさわらないことです。とちゅうで下《した》におちてしまうと、はねがひらききらないうちにかわいてしまい、とぶことができなくなってしまいます。

朝《あさ》、はねがすっかりのびきり、かわききってひらひら動《うご》かすようになったら、空《そら》にはなしてやりましょう。

▼アゲハチョウの飼《か》いかた

幼虫《ようちゅう》のまわりの葉《は》をきりおとす

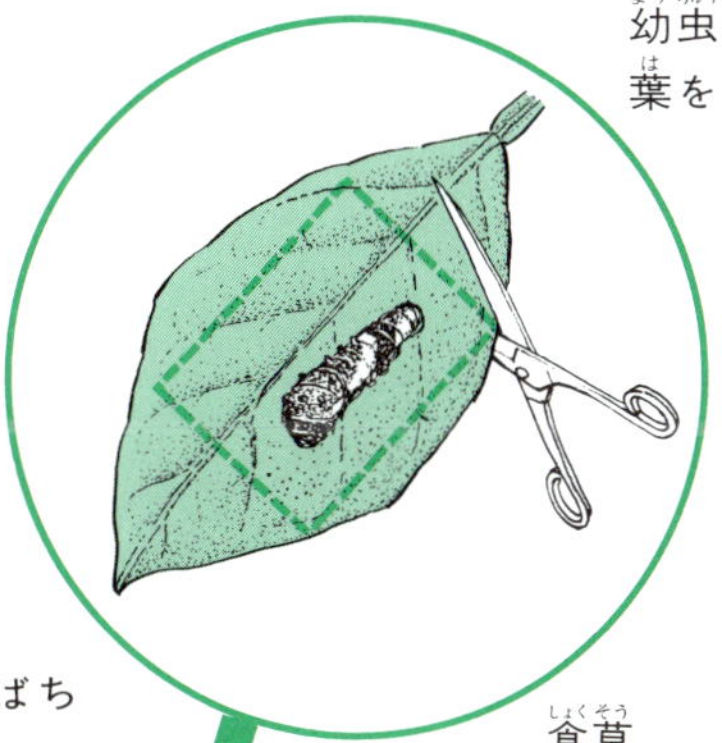

ガラスばちにいれる

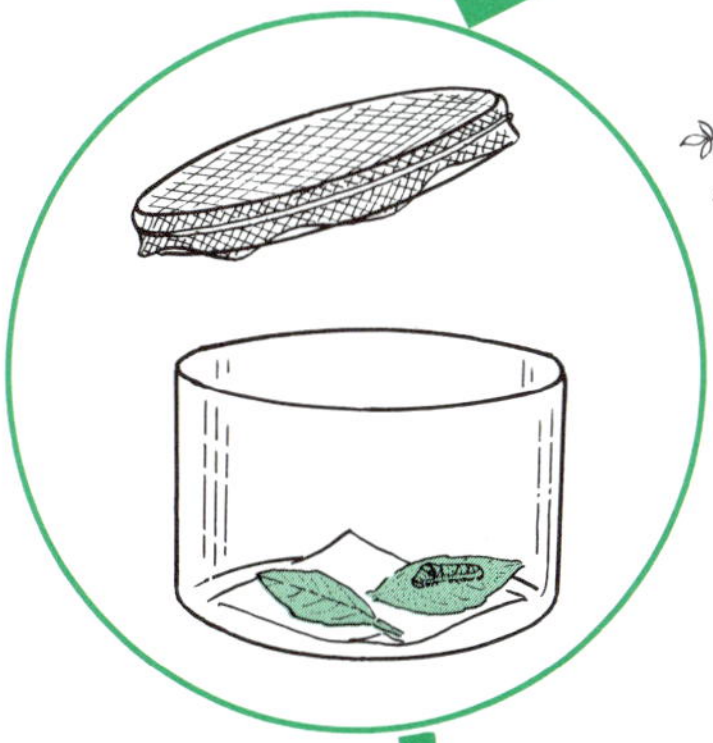

用意《ようい》するもの

五令幼虫《ごれいようちゅう》になって2～3日《にち》して枝《えだ》をいれてやる

あとがき

今《いま》、チョウがいなくても、すぐに私《わたくし》たちの生活《せいかつ》が困《こま》るということはありません。だから、まるで人間《にんげん》のためだけに、野山《のやま》は毎日《まいにち》のようにブルドーザーでけずられ、コンクリートと人工《じんこう》の町《まち》へと変《か》えられていきます。

いつの日《ひ》か、チョウが私《わたくし》たちのまわりから、姿《すがた》を消《け》してしまい、チョウが私《わたくし》たちにとって、大切《たいせつ》なものと叫《さけ》ばなければならなくなった時《とき》、失《うしな》われたものの大《おお》きさは、はかり知《し》れないものとなるにちがいありません。絵画《かいが》や詩《し》の世界《せかい》にうたわれてきたチョウは、みんな虹《にじ》のようにふれることができなくなるのです。

チョウを育《そだ》てたことのあるかたなら、あの冷《つめ》たい幼虫《ようちゅう》のからだのやわらかな肌《はだ》ざわりを忘《わす》れることができないでしょう。エンピツのさきでつついたら、首《くび》をふっていやいやをしました。そっと指《ゆび》をはわせたら、くすぐったい感《かん》じがしました。食草《しょくそう》を植《う》えて、チョウを飼《か》ってみてください。チョウが卵《たまご》の時《とき》から多《おお》くの天敵《てんてき》をもち、その中《なか》の数匹《すうひき》だけが親《おや》のチョウに変身《へんしん》するようすを、あなたもあなたの目《め》で確《たし》かめてほしいのです。

多摩《たま》動物《どうぶつ》公園《こうえん》・矢島《やじま》稔《みのる》氏《し》、高家《たかいえ》博成《ひろしげ》氏《し》、七尾《ななお》企画《きかく》・石原《いしはら》蓉子《ようこ》さんにとくにお世話《せわ》になりました。

佐藤《さとう》有恒《ゆうこう》
本《もと》藤《ふじ》昇《のぼる》
（一九七三年六月）

NDC486
佐藤有恒
科学のアルバム　虫 6
アゲハチョウ

あかね書房 2022
54P　23×19cm

科学のアルバム
アゲハチョウ

一九七三年六月初版
二〇〇五年 四 月新装版第 一 刷
二〇二二年一〇月新装版第一四刷

著者　佐藤有恒
　　　本藤 昇

発行者　岡本光晴
発行所　株式会社 あかね書房
〒一〇一―〇〇六五
東京都千代田区西神田三―二―一
電話〇三―三二六三―〇六四一（代表）
ホームページ http://www.akaneshobo.co.jp
印刷所　株式会社 精興社
写植所　株式会社 田下フォト・タイプ
製本所　株式会社 難波製本

ISBN978-4-251-03324-6
定価は裏表紙に表示してあります。
落丁本・乱丁本はおとりかえいたします。

○表紙写真
・アゲハチョウの美《うつく》しいはね
○裏表紙写真（上から）
・産卵《さんらん》するアゲハチョウ
・ふ化《か》のはじまり
・つのをのばしている五令幼虫《れいようちゅう》
○扉写真
・はねをのばしているアゲハチョウ
○もくじ写真
・みつをすうアゲハチョウ

科学のアルバム

全国学校図書館協議会選定図書・基本図書
サンケイ児童出版文化賞大賞受賞

虫

モンシロチョウ
アリの世界
カブトムシ
アカトンボの一生
セミの一生
アゲハチョウ
ミツバチのふしぎ
トノサマバッタ
クモのひみつ
カマキリのかんさつ
鳴く虫の世界
カイコ まゆからまゆまで
テントウムシ
クワガタムシ
ホタル 光のひみつ
高山チョウのくらし
昆虫のふしぎ 色と形のひみつ
ギフチョウ
水生昆虫のひみつ

植物

アサガオ たねからたねまで
食虫植物のひみつ
ヒマワリのかんさつ
イネの一生
高山植物の一年
サクラの一年
ヘチマのかんさつ
サボテンのふしぎ
キノコの世界
たねのゆくえ
コケの世界
ジャガイモ
植物は動いている
水草のひみつ
紅葉のふしぎ
ムギの一生
ドングリ
花の色のふしぎ

動物・鳥

カエルのたんじょう
カニのくらし
ツバメのくらし
サンゴ礁の世界
たまごのひみつ
カタツムリ
モリアオガエル
フクロウ
シカのくらし
カラスのくらし
ヘビとトカゲ
キツツキの森
森のキタキツネ
サケのたんじょう
コウモリ
ハヤブサの四季
カメのくらし
メダカのくらし
ヤマネのくらし
ヤドカリ

天文・地学

月をみよう
雲と天気
星の一生
きょうりゅう
太陽のふしぎ
星座をさがそう
惑星をみよう
しょうにゅうどう探検
雪の一生
火山は生きている
水 めぐる水のひみつ
塩 海からきた宝石
氷の世界
鉱物 地底からのたより
砂漠の世界
流れ星・隕石